一起來打開這本七彩繽紛的遊戲書，
各種有趣的益智活動和手工在等着你啊！

請你選用自己喜歡的筆來完成21個益智活動，
然後取出書後的刮畫紙和刮刮筆，
就可以創作出7個刮畫手工了！

刮畫手工的製作方法：

撕下書後的刮畫紙，並取出刮刮筆，然後參考本書
各頁的刮畫手工指示，便可製作出各種各樣的手工。

1 利用刮刮筆在刮畫紙上加添幻彩效果。

2 沿裁切線取出各個手工部件。

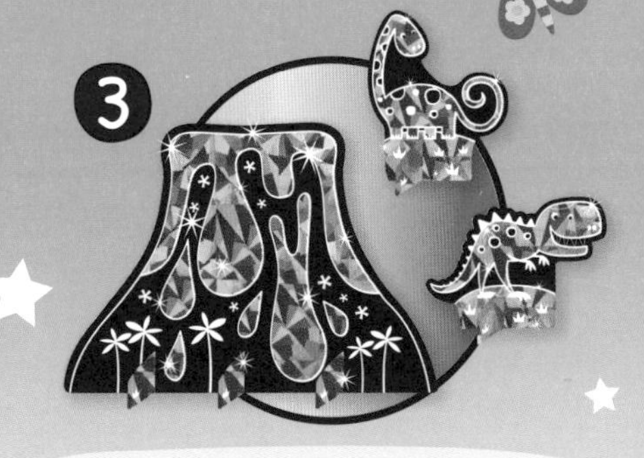

3 按指示拼貼手工部件即可。

新雅文化事業有限公司
www.sunya.com.hk

七彩繽紛的動植物

請觀察左邊已填色的部分，為各動植物填上正確的顏色。

獅子捉迷藏

請觀察下圖，圈出6隻躲起來的獅子。

製作獅子面具

1. 利用刮刮筆在獅子面具上加添幻彩效果。
2. 沿裁切線 (包括眼睛位置和兩邊的小孔)，取出獅子面具。
3. 請大人在獅子面具兩邊的小孔繫上繩子即可。

快樂的生日會

請數一數有多少位小朋友，然後寫出來。

請按數字的順序連線，
然後把生日蛋糕
填上顏色。

請參考以下的方向指示，畫出路線，
帶領生日會主角找到禮物。

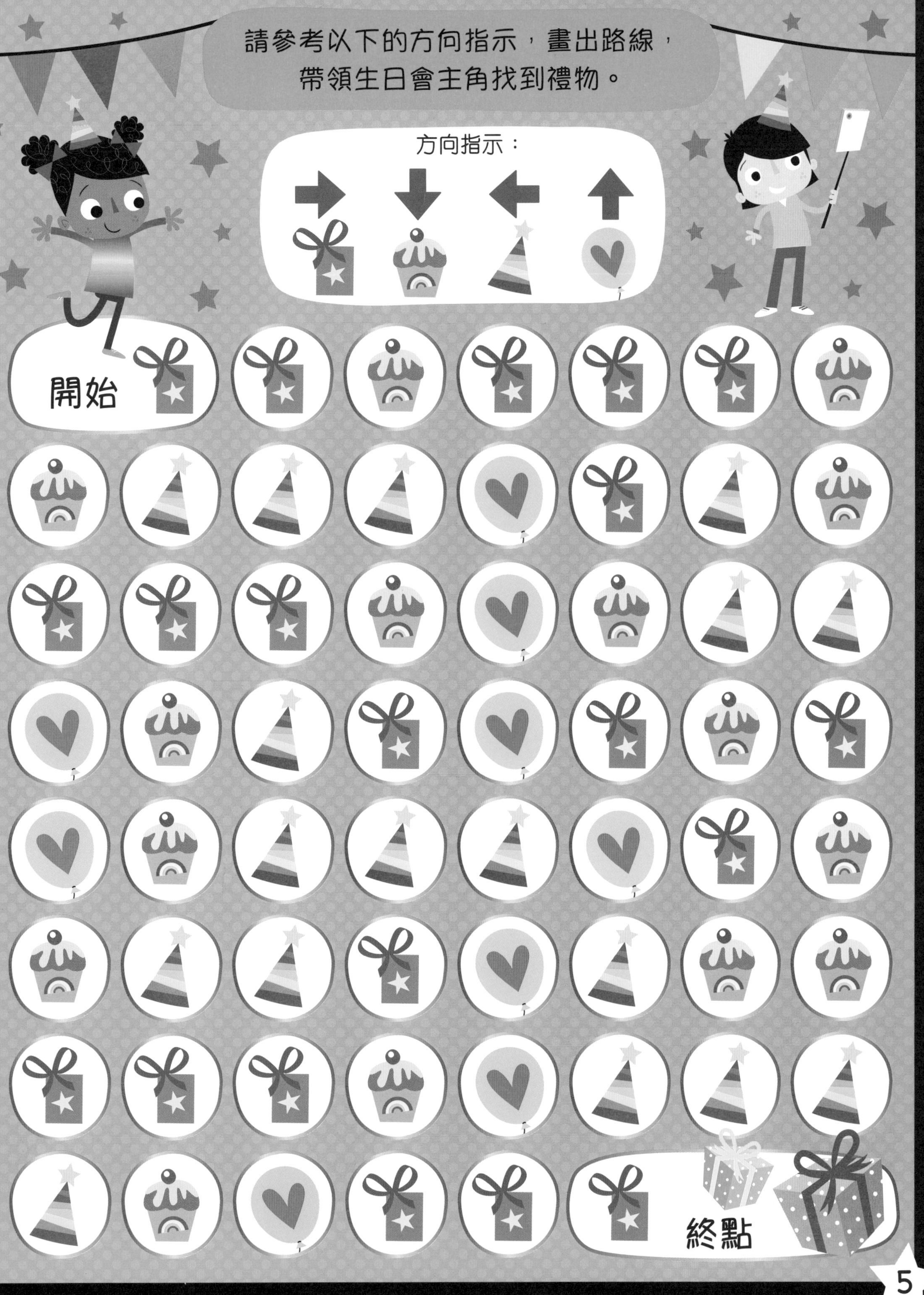

宏偉的皇宮

請按數字標示的顏色，為皇宮場景填上正確的顏色。

1 2 3 4 5 6 7 8

飛龍的藏寶庫

請看看飛龍手上的寶物，然後數一數牠們分別收藏了多少個粉紅色鑽石、藍色皇冠和金幣，並寫出來。

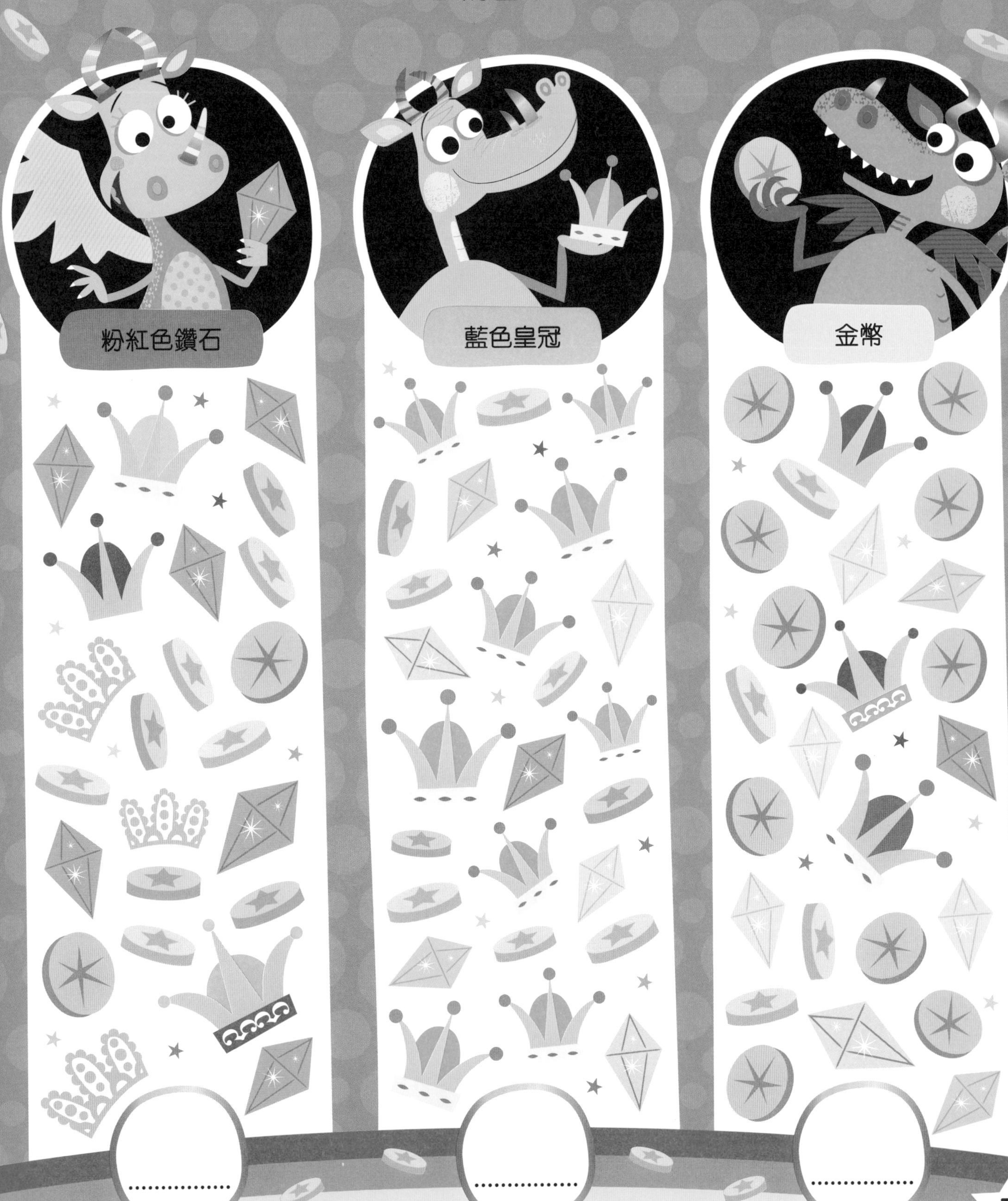

答案：6、9、10

水果連連看

請找出以下水果的英文名稱，把相關的英文字母連起來。（提示：直線和橫線均可）

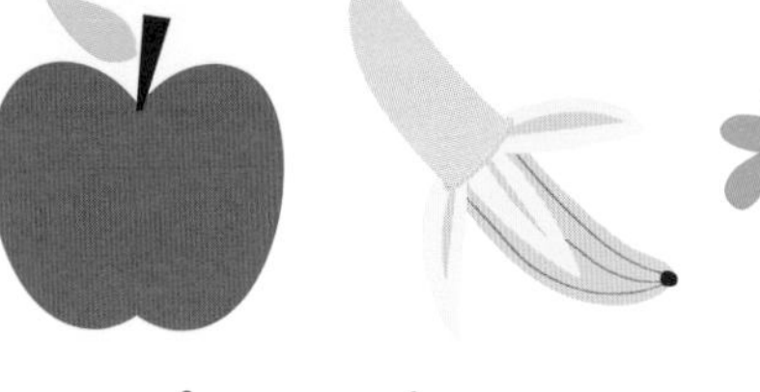
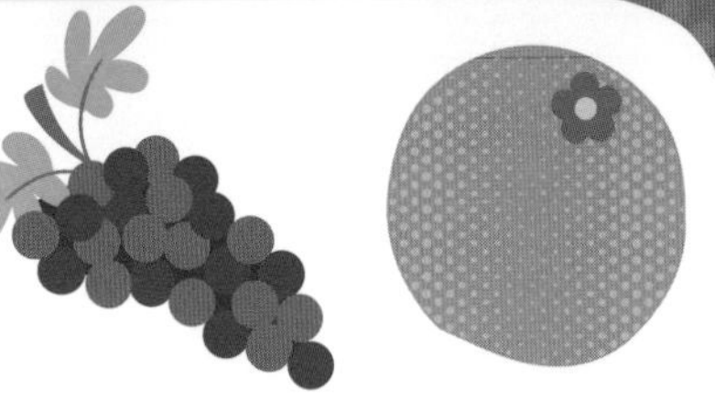

apple　banana　grapes　orange

d	r	m	s	i	g	r
a	p	b	b	p	t	a
a	p	h	a	t	j	p
d	l	e	n	a	b	e
u	b	z	x	n	a	s
e	o	r	g	e	g	l
f	y	a	n	h	f	x

水上比賽

請按物件標示的分數，列出各參賽者所取得的分數，然後計算出總分。

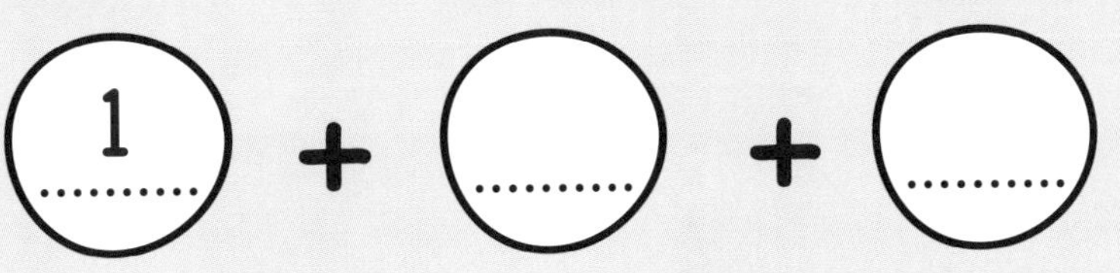

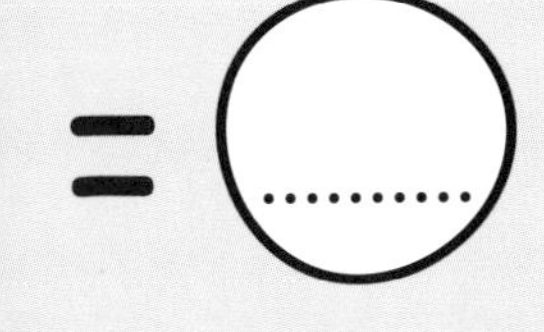

1 + ... + ... = ...

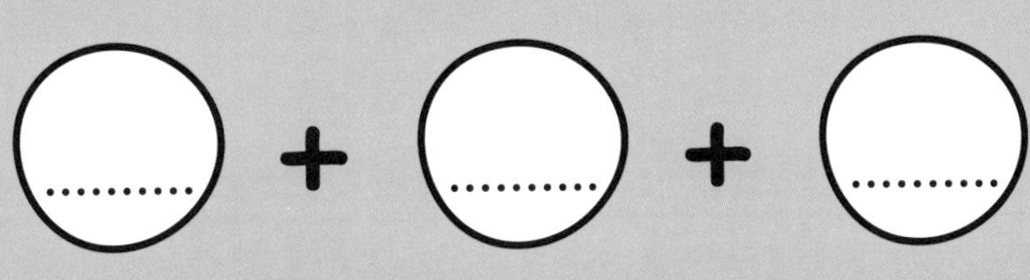

...... + ... + ... = ...

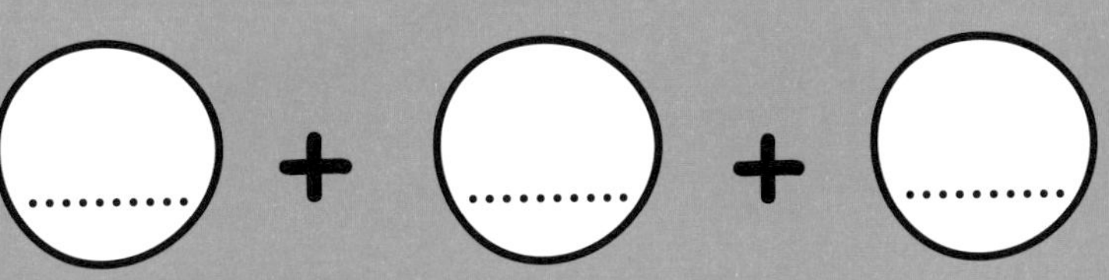

...... + ... + ... = ...

答案：5、6、8

繪畫樂繽紛

請利用輔助線，在空白的畫板上
繪畫跟左邊相同的彩虹。

請圈出每行中不相同的物件。

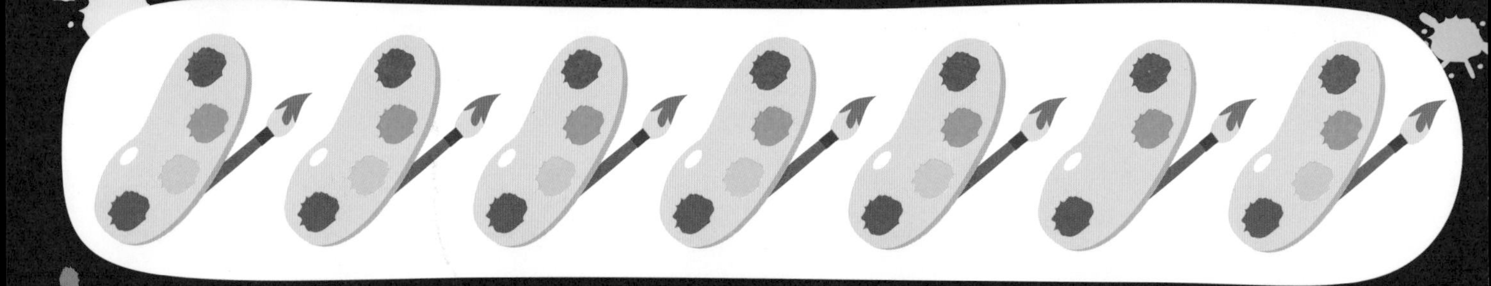

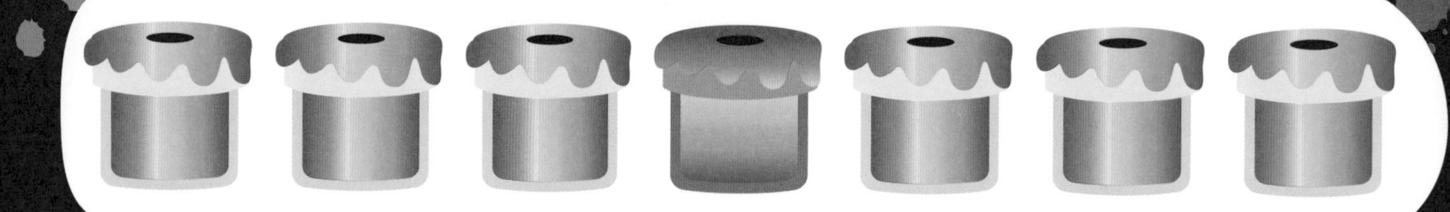

彩虹滑梯

請畫線帶領小仙子溜滑梯去找寶藏，
小心別碰到滑梯的邊緣。

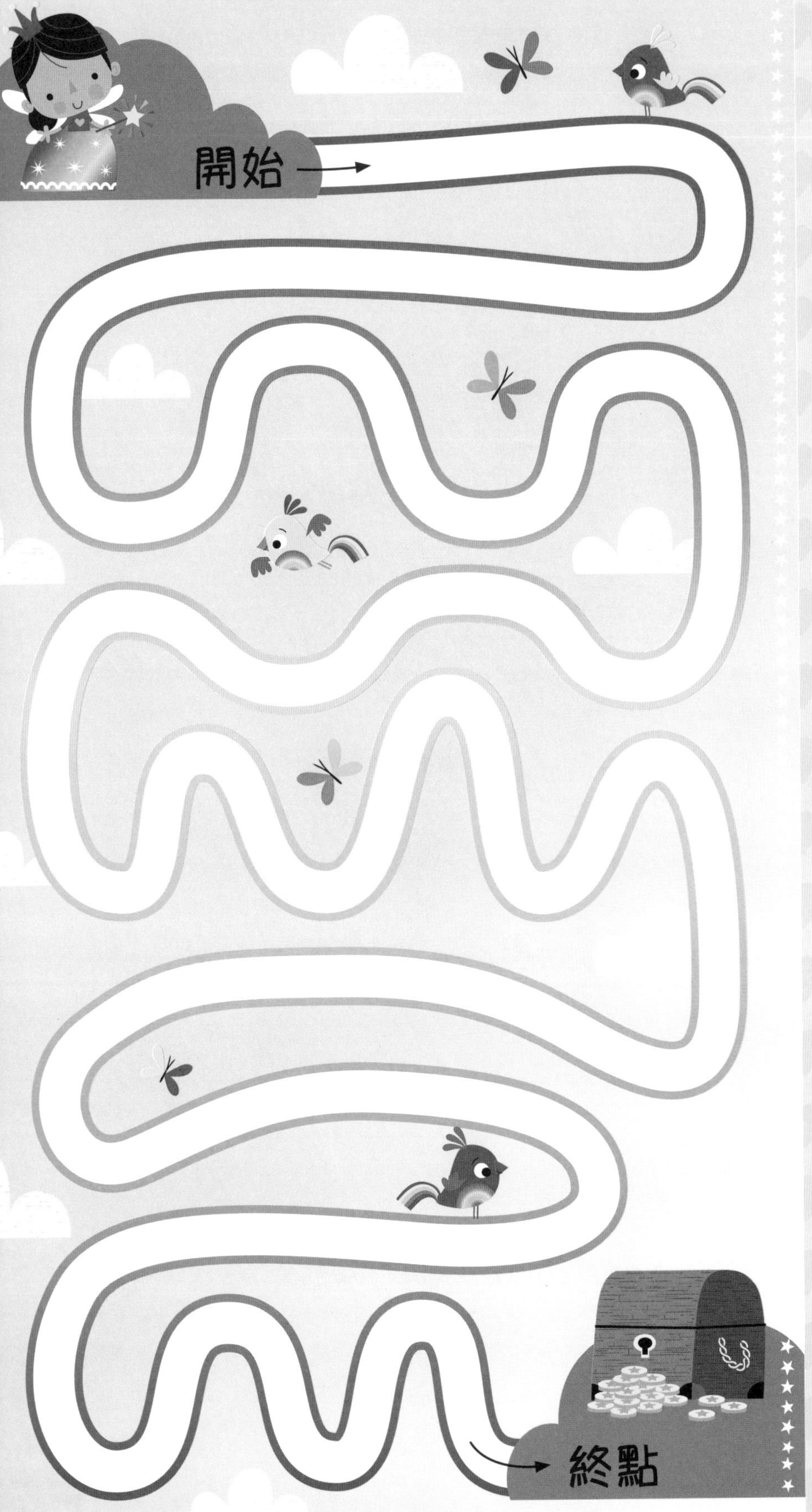

製作彩虹掛飾

1. 利用刮刮筆在彩虹掛飾上加添幻彩效果。

2. 沿裁切線取出彩虹掛飾，並在彩虹的背面貼上3條繩子。

3. 在3條繩子上貼上各個掛飾。

4. 在彩虹的頂端繫上一圈繩子即可。

恐龍世界

請在以下大圖找出5組恐龍蛋，每找到一組
便可在該組的格子裏加✓。

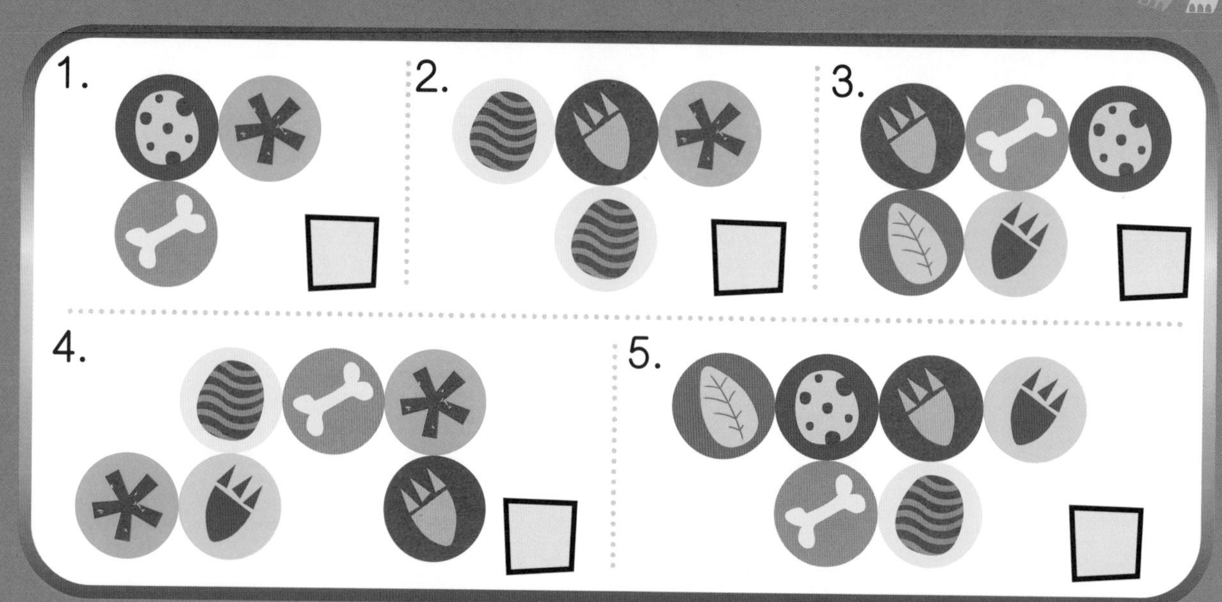

請把恐龍連線，然後填上顏色。

請圈出5隻螢火蟲。

製作恐龍世界場景

1 利用刮刮筆在恐龍世界場景上加添幻彩效果。

2 沿裁切線取出恐龍世界場景，並打開插位。

3 把各部分與其底座卡在一起即可。

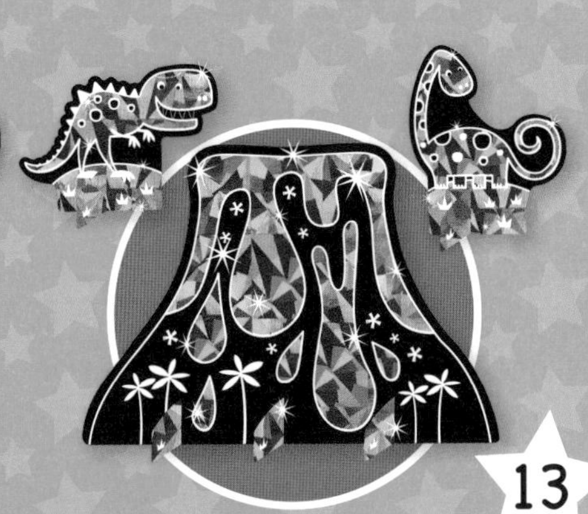

科學實驗

請觀察左右兩幅圖，圈出10個不同之處。

每找到一個不同之處，就可在一個格子裏加✓。

1 2 3 4 5 6 7 8 9 10

五光十色的城市

請把城市填上顏色。

小熊，小熊，在哪裏？

請根據以下提示找出正確的小熊。

這種小熊有以下3樣東西：

奇妙的海底世界

請找出以下海洋動物，並填上對應的顏色。

藍色的鯊魚　綠色的海龜　紅色的魚兒　黃色的海馬

請觀看圖畫的提示，重組英文字母的次序至正確的詞語。

s ....

o t c p u o s

.... t .... u ....

製作八爪魚手偶

1. 利用刮刮筆在八爪魚手偶上加添幻彩效果。
2. 沿裁切線(包括4個指孔)，取出八爪魚手偶。
3. 把手指穿進八爪魚手偶身上的4個指孔便可以遊戲了！

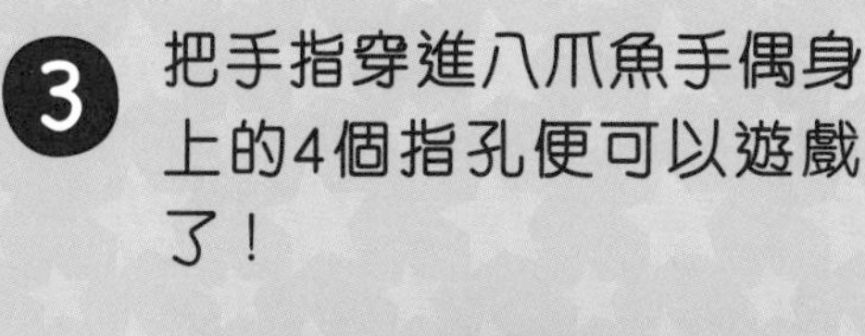

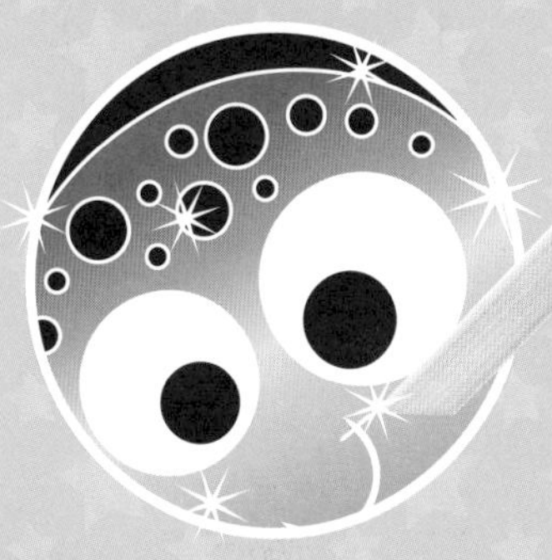

答案：shell, octopus

變幻的雲彩

請圈出每朵雲彩中不相同的物件。

童話世界

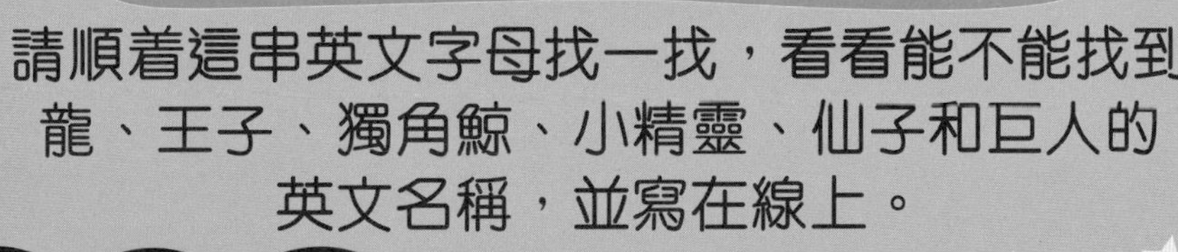
請順着這串英文字母找一找，看看能不能找到龍、王子、獨角鯨、小精靈、仙子和巨人的英文名稱，並寫在線上。

d r a g o n p r i n c e u n i c o r n e l f f a i r y g i a n t

1 dragon ....

2 ....

3 ....

4 ....

5 ....

6 ....

答案：dragon, prince, unicorn, elf, fairy, giant

彩虹之路

請帶領兔子駕駛汽車到終點，但沿途必須順序經過框內的6個地方。

開始 →

製作彩虹汽車

❶ 利用刮刮筆在彩虹汽車上加添幻彩效果。

❷ 沿裁切線取出彩虹汽車，並打開插位。

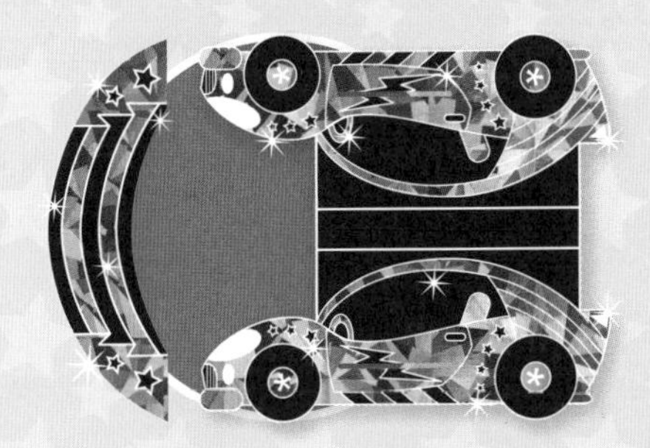

❸ 沿摺線摺疊彩虹汽車。

❹ 把車翼與車身卡在一起即可。

太空漫遊

小熊駕駛的火箭必須先經過彩虹星球，然後是彩色彗星，最後是太空站。請沿A至C的路線走一走，看看小熊應該怎樣規劃行程。

請寫出小熊應該採用的路線次序：............ ....

答案：B→C→A

玩具樂趣多

請數一數玩具車和機械人分別有多少，並寫出來。

答案：10、11

製作彩虹機械人

1. 利用刮刮筆在彩虹機械人上加添幻彩效果。

2. 沿裁切線取出彩虹機械人，並打開插位，然後沿摺線摺疊。

3. 把機械人的背面卡在一起。

4. 把機械人的手臂穿過身體即可。

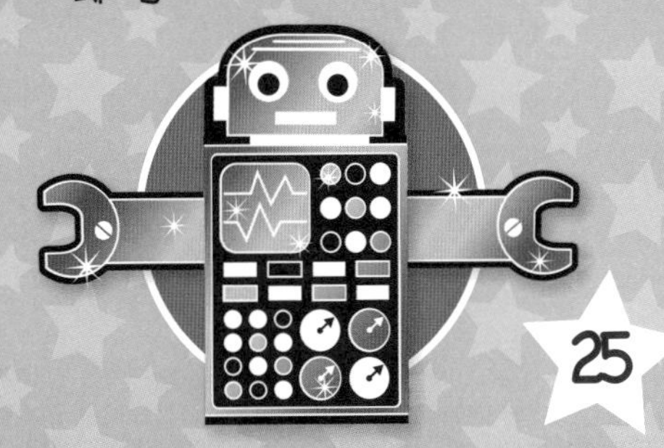

熱鬧的熱帶雨林
請在大圖找出以下6隻動物。

製作變色龍模型

1. 利用刮刮筆在變色龍上加添幻彩效果。

2. 沿裁切線取出變色龍，並打開插位，然後沿摺線摺疊。

3. 把變色龍的頭部和身體卡在一起即可。

飛越彩虹
請按圓點的顏色，把圖畫填上顏色。